ÉTAT

DE NOS CONNOISSANCES

SUR LES ABEILLES

AÙ COMMENCEMENT

DU XIXe. SIÈCLE.

Extrait des *Mémoires de la Société d'Agriculture du département de la Seine*, Tome VI.

ÉTAT

DE NOS CONNOISSANCES

SUR LES ABEILLES

AU COMMENCEMENT

DU XIXe. SIÈCLE;

Avec l'indication des moyens en grand de multiplier les
Abeilles en France.

Par M. LOMBARD,

Des Sociétés d'Agriculture de Paris et de Versailles;
Auteur du Manuel nécessaire aux Villageois pour
soigner les Abeilles.

A PARIS,

De l'Imprimerie et dans la Librairie de Madame Huzard,
rue de l'Éperon, Nᵒ. 11.

AN XIII.—1805.

ÉTAT

DE NOS CONNOISSANCES

SUR LES ABEILLES

AU COMMENCEMENT DU XIXᵉ. SIÈCLE;

Avec l'indication des moyens en grand de multiplier les Abeilles en France.

INTRODUCTION.

L'EXPÉRIENCE apprend que, pour soigner convenablement les abeilles, il faut bien connoître leur histoire naturelle, et principalement l'instinct qui détermine ces insectes à agir de telle ou telle manière, dans tel temps et dans telle et telle circonstance. Comme ce n'est que depuis peu d'années que nous avons acquis ces connoissances, et qu'elles sont parses, j'ai cru qu'il seroit utile de les réunir. Je parlerai de l'état où se trouve en France cette branche de l'économie rurale; j'indiquerai les moyens que je crois propres à l'améliorer. L'influence de la Société d'Agriculture pourroit beaucoup contribuer à accélérer cette amélioration, par la considération que lui ont attirée ses travaux, et par les relations que lui donne dans tout l'Empire sa nombreuse correspondance.

L'antiquité ne pouvant découvrir l'origine de l'abeille la faisoit naître de la chair corrompue de différens animaux, de certaines fleurs, etc. Au milieu des abeilles, les anciens y voyoient bien la reine ; ils la qualifioient de *conducteur*, de *roi*. Ne connoissant point les mâles, ils les nommoient *frelons*, et les exterminoient autant qu'ils le pouvoient. Ces fables et beaucoup d'autres ont été d'autant plus accréditées pendant des siècles, qu'elles étoient dites et confirmées par des naturalistes célèbres, parmi lesquels on voit *Démocrite*, *Aristote*, *Virgile*, *Columelle*, *Varron*, etc. ; et répétées et amplifiées par plus de six cents écrivains, qui, à l'époque de la moitié du dix-septième siècle, avoient écrit sur les abeilles (1).

Ce n'est que bien avant dans le dix-septième

______

(1) Voyez *Le Printemps de l'Abeille*, par *Alexandre de Monfort*. Anvers, 1649, in-8°.

siècle que l'on a commencé à s'occuper sérieusement de l'histoire naturelle des abeilles : ce n'est qu'à la fin du dix-huitième qu'on est parvenu à la connoître, je ne dis pas encore parfaitement, mais assez pour être certain que les points principaux en sont constans, et qu'il n'y a plus à chercher que quelques accessoires.

Swammerdam, célèbre naturaliste hollandois, qui vivoit à la fin du dix-septième siècle, est le premier qui, ayant disséqué les trois espèces d'abeilles que nous voyons dans les ruches, crut pouvoir poser, comme certain, qu'il y avoit dans chacune une seule mère abeille, quinze cent à deux mille mâles, et une quantité innombrable d'abeilles, qu'il regarda comme *neutres*, n'ayant pu leur découvrir aucun sexe (1).

Deux académiciens françois, *Maraldi* et *Réaumur*, ayant répété les dissections et vérifié les observations de *Swammerdam*, crurent pouvoir confirmer son opinion (2).

---

(1) Voyez *Recherches anatomiques par Swammerdam*, et son *Histoire générale des Insectes. Leyde*, 1737, 2 vol. in-fol. avec figures.

(2) Voyez les *Observations de Maraldi sur les Abeilles*,

Malgré les recherches et les observations de ces hommes célèbres, les bons naturalistes du dernier siècle admettoient avec répugnance cette espèce d'abeilles *neutres*, lorsqu'un naturaliste allemand, M. *Schirach*, pasteur à Klein-Bautzen, dans la Haute-Luzace, en Saxe, découvrit que les abeilles ouvrières ayant perdu leur reine avoient la faculté de s'en procurer d'autres, en donnant une nourriture particulière à des larves qui, dans le principe, n'étoient destinées qu'à devenir abeilles ouvrières ; cette connoissance le conduisit même à faire des essaims artificiels (1).

Cette découverte, qui a eu long-temps des incrédules, est aujourd'hui avérée ; des expériences fort simples et réitérées ne permettent plus d'en douter. Nous en reparlerons.

Il est donc aujourd'hui certain que, dans chaque ruche, il y a une seule mère abeille,

imprimées dans les *Mémoires de l'Académie royale des Sciences* ; et l'*Histoire naturelle des Insectes*, par *Réaumur*.

(1) Voyez l'*Histoire naturelle de la Reine des Abeilles*, par M. *Schirach*, traduite par M. *Blassiere* ; et la *Contemplation de la Nature*, par *Bonnet*, édition in-4°. partie XI, chapitre XXVII.

ou *reine*, qui est bien développée et en état
de pondre ; qu'il y a quinze cent à deux mille
mâles, que l'on nomme *faux-bourdons ;* et une
multitude d'abeilles femelles non développées
et hors d'état de pondre, que l'on nomme
abeilles communes, abeilles ouvrières , dési-
gnées ainsi, parce qu'elles seules, comme on
le sait, font tous les travaux nécessaires pour
la prospérité de la ruche.

Je viens de dire que ces dernières abeilles
sont hors d'état de pondre , ce qui n'est pas
absolument exact ; car, il y a quelques abeilles
ouvrières qui pondent : c'est M. *Riem ,* ob-
servateur allemand, de la Société économique
de Lautern, dans le Palatinat, qui en a fait la
découverte (1). Nous en reparlerons aussi.

Maraldi et *Réaumur ,* françois ; *Swam-*
merdam , hollandois ; *Schirach , Riem* et
Hattorf, allemands ; *Néedham ,* belge ; *de*
Braw , anglois , et autres , se sont long-temps
et vainement occupés à chercher comment les
mères abeilles devenoient fécondes (2).

---

(1) Voyez la *Contemplation de la Nature ,* déjà citée.

(2) Voyez les *Mémoires de l'Académie des Sciences ;*
les *Histoires naturelles des Insectes, par Réaumur* et par
Swammerdam ; le Mémoire de M. *Hattorf ,* intitulé

Fécondation des Reines.

Il étoit réservé à M. *Huber*, naturaliste gé-
nevois, de découvrir la vérité, non par ses yeux,
puisqu'il est aveugle, mais par ceux de *François Burnens*, son lecteur et son domestique,
dont le nom mérite d'être conservé. D'après les
expériences et les observations les plus claires et
les plus positives, il est constant que les mères
abeilles sont fécondées, non dans la ruche, ainsi
qu'on l'avoit toujours cru, mais dans les airs,
comme presque toute la famille des mouches. Les parties du mâle se contournant en
arc sur son dos, il n'est pas douteux que, pour
l'accouplement, la mère abeille ne se pose sur
le dos du mâle, et ne vole avec lui pendant
quelque temps, pour s'en séparer ensuite avec
une telle violence, qu'elle emporte dans sa
vulve la partie du mâle qui la rend féconde ;
partie qu'elle ne peut quelquefois retirer
qu'avec beaucoup d'efforts (1).

Recherches physiques, etc. ; les *Mémoires de l'Académie
de Bruxelles*, tome II, page 325 ; les *Transactions phi-
losophiques*, année 1777, partie Ire. page 5.

(1) Voyez les *Nouvelles Observations sur les Abeilles*,
par *François Huber*.

Ponte des Reines.

Quarante-six heures après avoir été fécondée , la reine commence sa ponte d'œufs d'où doivent sortir des abeilles communes ; cette ponte continue pendant environ onze mois , en y comprenant le temps qu'elle est suspendue par les froids. Au bout de ce temps, la reine devient très-grosse , a de la peine à se traîner , et elle commence sa ponte d'œufs de mâles.

Aussitôt que les abeilles ouvrières voient leur reine pondre des œufs de mâles, elles préparent quinze à vingt-cinq cellules royales : ces cellules , d'une forme et d'une grandeur extraordinaires , sont appendues aux rayons et dispersées dans toutes les parties de la ruche.

Lorsque la reine a fini la grande ponte de mâles , elle pond dans les cellules royales , mettant un , deux et trois jours de distance entre le dépôt de chaque œuf : ordre admirable ; car, si la reine pondoit ses œufs le même jour , les jeunes reines étant toutes formées en même temps , la succession des essaims ne pourroit avoir lieu , et l'harmonie de la ruche seroit troublée , comme on le sentira dans un instant.

Lorsque la reine a fini sa ponte annuelle, elle est mince et légère, peut voler facilement, et partir avec le premier essaim, comme on va le voir, pour recommencer sa ponte d'abeilles communes, sans un nouvel accouplement ; un seul suffisant pour la rendre féconde pendant deux ans au moins , et peut-être pour sa vie.

On sait actuellement que l'abeille commune est trois jours dans l'état d'œuf, cinq dans l'état de larve. Les abeilles ouvrières ferment alors l'alvéole avec un couvercle de cire ; le ver commence aussitôt à filer autour de lui une coque de soie blanche, il emploie trente-six heures à cet ouvrage ; trois jours après, il se métamorphose en nymphe ou chrysalide ; il passe sept jours et demi sous cette forme ; il n'arrive à son dernier état de mouche que le vingtième jour, à dater du moment de la ponte ; mouche blanchâtre , elle est deux jours à acquérir la consistance qui lui est nécessaire pour prendre son vol.

Le mâle est trois jours dans l'œuf, six et demi en larve ; il file sa coque, passe à l'état de nymphe, ne se métamorphose en mouche parfaite que le vingt-quatrième jour, et ne peut prendre son vol que le vingt-sixième.

Le ver royal passe également trois jours dans l'œuf, cinq en ver ; après ces huit jours, les abeilles ferment sa cellule ; il commence aussitôt à filer sa coque, ce qui l'occupe pendant vingt-quatre heures ; il reste dans un parfait repos les dixième et onzième jours, et seize heures du douzième : alors, il se change en nymphe, et passe quatre jours deux tiers sous cette forme ; c'est donc le seizième jour qu'il arrive à l'état de reine parfaite, et qu'il peut prendre son vol en sortant de l'alvéole royal.

Il est à remarquer que les coques filées par les vers d'abeilles communes et de mâles sont complètes, leurs alvéoles étant petits ; mais l'alvéole royal étant plus grand, le ver qu'il contient ne peut filer qu'une coque incomplète du côté de sa partie postérieure.

Cette marche uniforme dans toutes les ruches bien peuplées a une exception remarquable dans les ruches foibles ; dans ces dernières ruches les reines font bien leur ponte de mâles , mais les abeilles ouvrières semblant connoître que ces ruches ne sont pas assez peuplées pour donner des essaims ne construisent point de cellules royales , et quelquefois exterminent les mâles à mesure qu'ils sortent de leur alvéole ; ce qui confirme que, lorsqu'une reine est féconde , elle l'est au moins pour deux ans , sans un nouvel accouplement.

Nous avons dit que les mères abeilles pondoient des œufs d'abeilles communes quarante-six heures après avoir été fécondées ; mais il faut pour cela que cette fécondation ait eu lieu dans les vingt premiers jours de leur sortie de l'alvéole ; au-delà de ces vingt jours , elles vont également chercher le mâle : elles pondent aussi quarante-six heures après leur accouplement ; mais elles ne pondent plus que des œufs de mâles. Les abeilles , suivant la loi de leur instinct , construisent aussitôt des cellules royales , dans lesquelles la reine dépose des œufs de mâles ; les abeilles ouvrières les soignent d'abord , comme si c'étoient des jeunes reines ; mais, au onzième jour , elles ne manquent jamais d'ouvrir ces cellules royales et de détruire les mâles qu'elles contiennent. Cette ponte viciée continue quelquefois pendant sept à huit mois ; mais les abeilles ouvrières finissent par abandonner ces sortes de reines , inhabiles à perpétuer la ruche.

Nous avons dit que M. *Riem* avoit découvert des abeilles ouvrières fécondes ; cela n'est pas douteux : les expériences faites, et les observations suivies avec le plus grand soin, en ont fait découvrir la cause (1).

Les abeilles ouvrières nourrissent les vers des jeunes abeilles communes et des jeunes reines avec une espèce de gelée qu'elles préparent. Celle destinée pour les abeilles communes est d'un goût fade; celle destinée aux jeunes reines est d'un goût aigrelet et relevé. La première nourrit les abeilles au berceau, sans les développer entièrement; la seconde paroît destinée, non-seulement à hâter la croissance des jeunes reines, mais encore à les développer entièrement. Avec la première, les abeilles ouvrières sont vingt jours au berceau; avec la seconde, les jeunes reines, quoique plus grosses que les abeilles communes, n'y restent que seize jours.

Lorsque les abeilles ouvrières portent la gelée aux jeunes reines, les vers gissant dans les alvéoles voisins des cellules royales participent à quelques portions de cette gelée; et cela paroît suffire pour développer leur ovaire jusqu'à un certain point; je dis jusqu'à un certain point, parce que le développement est si imparfait, qu'en devenant fécondes elles

---

(1) Voyez les expériences de M. *Huber*, dans sa cinquième lettre à M. *Bonnet*.

ne pondent que des œufs de mâles. Cela n'est pas de longue durée, parce que la reine de la ruche détruit promptement ces espèces de petites reines, soit avant, soit peu de temps après leur sortie de l'alvéole.

Actuellement que nous connoissons bien les individus qui composent une ruche, la fécondation des reines, l'ordre de leur ponte, les accidens qui dérangent quelquefois la marche uniforme, et qui ont souvent mis la confusion dans l'esprit des observateurs, voyons quels sont les moyens que la Nature emploie pour nous donner les essaims, qui sont les fruits les plus précieux que puissent désirer les propriétaires d'abeilles.

Des Essaims naturels.

La Nature a voulu absolument qu'il n'y eût qu'une reine dans chaque ruche, et, pour cela, elle leur a donné une antipathie, on peut même dire une horreur les unes des autres, qui est telle, qu'il n'y a jamais deux reines libres dans une ruche, sans qu'elles ne se cherchent et ne se battent jusqu'à ce qu'il n'en reste qu'une, et cela n'est pas long.

Cette aversion des reines les unes envers les autres est si forte que la reine mère cherche

à

à détruire ses propres enfans, c'est-à-dire les jeunes reines au berceau, dès qu'elles approchent de leur développement. Elle les détruit ou s'enfuit ; si elle les détruit, la ruche ne donne point d'essaims dans l'année ; et c'est sa fuite d'une ruche qui contient des objets qui lui font horreur, qui détermine le départ des essaims, comme nous allons l'expliquer.

A chaque printemps, ainsi que nous l'avons dit, la reine mère pond dans quinze à vingt-cinq cellules royales, à un, deux ou trois jours d'intervalle, des œufs qui doivent donner naissance à de jeunes reines. Tant que les cellules royales ne contiennent qu'un œuf ou un ver fort jeune, la reine mère n'y fait aucune attention ; mais elle commence à les prendre en haine, lorsque les vers sont prêts à se changer en nymphes, ou lorsqu'ils ont subi cette transformation : ce qui arrive communément, dans notre climat, à la fin du mois de Mai (commencement de Prairial). La reine mère ayant alors toute la vigueur que les beaux jours et la saison lui donnent, se précipite tout-à-coup sur les cellules royales, et cherche à détruire les jeunes reines qu'elles contiennent, soit en ouvrant les cellules, soit en y introduisant son aiguillon par le côté de la coque

B

incomplète, qu'a filé le ver royal. Son action ne répondant point à son impatience, sa fureur devient un délire; et voyant des cellules royales dans toutes les parties de la ruche, elle court de l'une à l'autre, en agitant ses aîles; elle communique son mouvement aux abeilles et aux faux-bourdons, qu'elle heurte; l'agitation devient générale; la chaleur intérieure de la ruche, qui est communément de vingt-sept à vingt-neuf degrés, monte à trente-deux; et comme les abeilles ne peuvent supporter cette chaleur subite, la reine, les abeilles ouvrières et les faux-bourdons se précipitent à la porte de la ruche, pour aller s'établir ailleurs : c'est ainsi que se forme le premier essaim annuel de chaque ruche.

Dans bien des cantons, on appelle les essaims, *jetons*, parce qu'en effet la chaleur jette les abeilles hors de la ruche; on les en voit sortir avec toute la vîtesse dont elles sont capables.

Si le temps n'est pas convenable pour la sortie des essaims, et qu'il se maintienne à la pluie ou au froid, la reine mère détruit successivement toutes ou presque toutes les jeunes reines à mesure qu'elles se forment; et, dans ce cas, les ruches ne donnent point ou donnent peu d'essaims dans l'année. Les abeilles ouvrières sont tranquilles spectatrices de l'espèce de désordre que cause leur reine, parce qu'elles laissent toujours leurs reines fécondes libres dans toutes leurs volontés.

C'est *Réaumur* qui a provoqué en quelque sorte les expériences nouvellement faites, pour savoir si c'étoit la reine mère qui conduisoit le premier essaim de chaque ruche.

« Est-il bien sûr, dit *Réaumur*, comme
» nous l'avons supposé jusqu'ici avec tous
» ceux qui ont parlé des abeilles, que ce soit
» toujours une jeune mère qui se mette à la tête
» de la colonie ? La vieille mère ne pourroit-
» elle point prendre du dégoût pour son habi-
» tation ? Enfin, ne pourroit-elle pas être dé-
» terminée par quelques circonstances parti-
» culières à abandonner toutes ses possessions
» à la jeune femelle ? Je serois en état de satis-
» faire à cette question autrement que par des
» vraisemblances, sans les contretemps qui
» ont fait périr les mouches des ruches, à la
» mère de chacune desquelles j'avois mis une
» tache rouge sur le corcelet ».

C'est M. *Huber* qui a vérifié ce que *Réau-mur* avoit laissé indécis, non en marquant les mères abeilles avec de la couleur ; mais,

leur ayant coupé une antenne, il les a re-
connues deux années de suite, conduisant le
premier essaim des ruches dans lesquelles
elles s'étoient établies l'année précédente.

Lorsque le premier essaim est parti, l'ordre
de la ruche change.

La première reine qui sort de sa cellule
royale, après le départ de la reine mère, est
celle de la ruche ; les abeilles ouvrières en-
tourent alors les cellules royales contenant
les jeunes reines, en fortifient quelquefois
l'enveloppe, et en font une garde sévère ; d'un
côté, elles retiennent les jeunes reines captives dans leur cellule et les y nourrissent ; et
de l'autre, n'ayant point d'affection pour la
jeune reine libre, qui n'est pas encore fécondée, lorsqu'elle veut approcher des cellules
royales pour en détruire les jeunes reines,
les abeilles ouvrières la chassent, la tiraillent,
la mordent, au point que ne pouvant tenir à
l'horreur que lui inspirent les cellules royales,
à la manière dont elle est traitée par les abeilles
ouvrières, elle court dans toutes les parties
de la ruche, communique son agitation aux
abeilles ouvrières en les heurtant, la chaleur
monte à trente-deux degrés : pour s'en déli-
vrer, les abeilles et la jeune reine se préci-

pitent hors la ruche, ainsi part le second essaim.

Les troisième et quatrième essaims se forment de la même manière ; avant ou alors, n'y ayant plus assez d'abeilles pour garder les cellules royales, la jeune reine qui sort la première de son alvéole, après le départ des essaims, exerce sa fureur sans obstacle sur les cellules qui restent, et qui sont aussitôt détruites et démolies par les abeilles ouvrières.

Lors de l'espèce de désordre qui a lieu au moment du départ des essaims, il arrive quelquefois que de jeunes reines qui étoient retenues captives, sortent de leurs cellules ; ce qui est cause que l'on voit quelquefois deux et trois reines dans un essaim, sans pour cela que l'on puisse en induire qu'il y avoit plusieurs reines libres à-la-fois dans la ruche d'où elles sont sorties. Au surplus, ces deux ou trois reines dans le même essaim, n'y vivent pas long-temps ; car, elles se battent entr'elles, jusqu'à ce qu'il n'en reste qu'une. Jamais les abeilles ouvrières ne se mêlent de ces combats, ni ne tuent les reines à coups d'aiguillon, comme l'ont prétendu MM. *Schirach* et *Riem.*

Il y a une singularité dans le combat des reines entr'elles, que je ne dois pas passer sous silence. Lorsqu'il y a deux ou trois reines dans un essaim, elles se cherchent pour se battre ; il arrive quelquefois qu'elles se prennent corps à corps, face à face, tellement qu'en faisant jouer leur aiguillon en même-temps, elles pourroient s'entretuer, et alors l'essaim seroit perdu : la nature y a pourvu ; car, aussitôt que les deux reines se trouvent dans cette position, une frayeur respective les saisit, et elles s'enfuyent l'une de l'autre, pour se rapprocher ensuite, de manière à se détruire sans danger pour l'une des deux. Communément, l'une monte sur le dos de l'autre, la saisit à la naissance des aîles et la tue à coups d'aiguillon.

Aussitôt que les jeunes reines sont sorties de leur alvéole, elles peuvent sortir des ruches pour recevoir le mâle, elles s'en abstiennent tant qu'elles restent dans la ruche où elles ont pris naissance ; elles ne sortent communément à cet effet, que le lendemain de leur sortie avec un essaim. Il n'y a que la jeune reine de l'ancienne ruche qui ne doit plus donner d'essaim, qui sort pour se mettre en état de continuer à peupler cette ruche.

Des Essaims artificiels.

Avant de parler des essaims artificiels, je dois dire les moyens que les abeilles ouvrières emploient pour se procurer une reine, lorsque la leur est morte ou leur est enlevée ; c'est la connoissance de cette faculté donnée aux abeilles ouvrières qui peut nous procurer des essaims artificiels.

Lorsqu'une reine meurt, ou lorsqu'on l'enlève de sa ruche, les abeilles ouvrières ne tardent pas à s'en apercevoir ; elles font d'abord un grand bruit ; peu-à-peu elles s'appaisent ; et, dans les vingt-quatre heures, elles font les dispositions nécessaires pour réparer leur perte, c'est-à-dire pour se procurer une nouvelle reine. Pour y parvenir, elles choisissent dans le centre et le plan des gâteaux dix à douze larves d'abeilles communes, de trois jours et au-dessous ; elles sacrifient les alvéoles qui les environnent, et travaillent à agrandir les alvéoles des jeunes larves pour en faire des cellules royales. Si, dans cette circonstance, on réintègre dans la ruche la reine enlevée, ou si on y introduit une reine étrangère, les abeilles la reçoivent avec joie, et détruisent les cellules royales commencées, donnant à croire qu'elles savent que leur travail devient inutile. Si on ne leur rend point de reine, elles soignent les larves, en leur donnant de la gelée royale ; au temps accoutumé, il en sort de jeunes reines parfaitement formées : les abeilles ne les retiennent point captives ; sortant de leurs alvéoles presque toutes en même temps, elles se battent jusqu'à ce qu'il n'en reste qu'une, qui va au mâle, et répare aussitôt la perte que les abeilles avoient faite de leur reine.

M. *Schirach* a publié ses procédés pour faire des essaims artificiels ; cela est si difficile que l'usage n'en sera jamais adopté. Je ne connois que deux espèces de ruches avec lesquelles on puisse se procurer des essaims artificiels, avec quelques facilités, ce sont celles de MM. *de Gélieu* et *Huber*, qui peuvent se partager en deux portions égales, l'une desquelles se trouve sans reine.

Si on vouloit faire des essaims artificiels, je crois qu'il faudroit plutôt employer les procédés des Grecs qui habitent l'Attique ; procédés anciens et antérieurs à la découverte de M. *Schirach.*

M. *Félix Beaujour*, ancien consul en Grèce, dans son *Tableau du commerce du*

Levant, nous dit que dans l'Attique on fait des essaims artificiels, en substituant, au milieu du jour, des ruches vides à la place des ruches pleines ; qu'alors les abeilles qui reviennent des champs s'établissent dans la ruche nouvelle, la prenant pour leur vraie ruche.

Si M. *Beaujour* avoit soigné des abeilles et connoissoit leur histoire naturelle, il sauroit que l'on ne réussiroit jamais à faire ainsi des essaims artificiels : voici en effet ce qui se pratique en Grèce.

Les ruches de l'Attique sont de poterie, d'un diamètre uniforme, et ouvertes par le haut : dans ce haut on met en travers de petits bâtons plats comme des lattes, on les sépare un peu les uns des autres, et on bouche cette partie élevée de manière que les abeilles ne puissent en sortir, ni la pluie y pénétrer. Les abeilles commencent communément leurs rayons contre les lattes et dans le même sens. Au printemps, les propriétaires découvrent leurs ruches, et soulèvent les lattes et les rayons qui y sont attachés ; s'il y a des cellules royales après ces rayons, ils mettent deux lattes dans une ruche neuve qu'ils substituent à l'ancienne ruche qu'ils éloignent. Les abeilles qui reviennent des champs entrent dans la ruche nouvelle; y trouvant du couvain et des cellules royales, elles s'en contentent : la ruche n'étant ni pleine d'édifice, ni bien peuplée, ne donne point d'essaims ; et comme elles sont là dans un climat excellent, et au milieu de l'abondance que leur procurent les montagnes de l'Attique, la ruche s'emplit promptement.

Tout cela est beau dans la spéculation, mais si difficile dans la pratique, sur-tout dans notre climat, que les amateurs qui ont tenté de faire des essaims artificiels y ont renoncé. Contentons-nous de nos essaims naturels ; soignons nos abeilles, et sur-tout ne les faisons pas périr, et nous serons assez riches.

Chant des Abeilles.

Il y a des auteurs qui ont prétendu que les abeilles chantoient. D'après les expériences nouvelles, il est certain que les jeunes reines ont la faculté de produire une espèce de son ou claquement qui a la puissance de frapper d'immobilité les abeilles ouvrières. Les jeunes reines, qui sont dans les ruches après le départ du premier essaim, le font plus communément entendre lorsqu'elles veulent se jeter sur les cellules royales gardées par les abeilles ouvrières : mais, comme pour exprimer ce son les jeunes reines sont obligées de s'appuyer sur le ventre et de se tenir arrêtées, aussitôt qu'elles reprennent leur mouvement, les abeilles le reprennent aussi pour défendre les cellules royales que les jeunes reines voudroient attaquer.

Il est vrai que, dans la saison des essaims, on entend le soir dans les ruches des sons clairs et aigus imitant le chant de la cigale ; mais ils sont causés par l'agitation des ailes des abeilles, d'une certaine manière, sur les trous ou stigmates qu'elles ont sous les ailes, stigmates nécessaires pour leur respiration : structure admirable, qui est commune à toutes les mouches.

Moyen de se faire suivre par les Abeilles.

J'ai parlé plus haut de l'enlèvement des reines de l'intérieur de leur ruche, ce qui n'est pas facile ; mais on va concevoir comment on peut y parvenir. Cela me donnera l'occasion de parler de la vigilance des reines et de l'attachement que leur portent les abeilles ouvrières, et expliquera en même temps cette espèce de phénomène rapporté par le Père *Labat*, missionnaire dominicain, dans la relation qu'il a faite du voyage d'*André Brue*, directeur du commerce françois au Sénégal en 1697 et 1698 ; phénomène qui s'est répété à Londres il y a environ quarante ans, et à Paris il y en a environ vingt-cinq.

Le Père *Labat* raconte que M. *Brue*, étant à Ghiam, fut extrêmement surpris par la visite d'un homme qui se qualifioit de *roi des abeilles*. « A quelque secret, lit-on dans le
» journal du voyage, qu'on veuille attribuer
» la vertu de cet homme extraordinaire, il est
» certain que, dans quelques lieux qu'il allât,
» les abeilles le suivoient comme les moutons
» suivent le berger. Il en avoit le corps et
» sur-tout la tête si couverte, qu'on auroit cru
» qu'elles en sortoient. Elles ne lui faisoient
» aucun mal, ni à ceux qui se trouvoient au-
» près de lui. Lorsqu'il se sépara des François,
» elles le suivirent comme leur général ; car,
» outre celles qui fourmilloient sur son corps,
» il en avoit des millions à sa suite. Ghiam fut
» un lieu de merveilles pour la caravane fran-
» çoise. »

M. *Mill* (*Thomas*), surnommé *Wild-man* (homme sauvage), est parvenu à se faire suivre par les abeilles, et même à les fixer et les faire agir à la volonté des spectateurs ; on voyoit cela avec le plus grand étonnement. Un particulier en fit autant à Paris, en présence des Académies réunies, ainsi que me l'ont attesté MM. *Baumé* et *Messier* présens, et ensuite à la foire Saint-Germain : et personne ne concevoit comment cela pouvoit s'opérer, lorsque M. *Mill* a rendu ses procédés publics dans son *Traité de l'Éducation des Abeilles*, imprimé à Londres en 1768; traité puisé dans les mémoires de MM. *Maraldi* et *Réaumur* sur les abeilles, à l'exception des procédés de M. *Mill* pour se faire suivre par elles, qui lui appartiennent entièrement.

M. *Mill* nous dit que, lorsque l'on donne plusieurs coups modérés sur les côtés au bas d'une ruche, il s'y fait une agitation, et la reine accourt aussitôt du côté du bruit, comme pour voir et connoître la cause de l'alarme : dans cette circonstance, M. *Mill* soulevoit la ruche; et, s'étant accoutumé à voir fréquemment la reine, une dextérité devenue habitude faisoit qu'il s'en saisissoit, et la tenoit dans sa main sans qu'elle lui fît aucun mal; les reines ne se servant de leur aiguillon qu'après avoir été long-temps irritées. Cet enlèvement furtif de la reine faisoit aussitôt voler les abeilles à sa suite. M. *Mill* la leur montroit, et, marchant, il s'en faisoit suivre. Les abeilles, occupées de leur perte, ne lui faisoient aucun mal ; bientôt ses mains en étoient couvertes : les abeilles se groupoient autour de leur reine, et conservoient long-temps la même situation, parce que l'odeur du corps de cette mère chérie a tant d'attraits pour les abeilles, qu'elles la suivent par-tout.

Lorsque M. *Mill* vouloit donner un spectacle extraordinaire, tel que de fixer les abeilles dans un endroit indiqué, où il présumoit que la reine ne pourroit pas naturellement rester, il lui coupoit les ailes d'un côté, de manière que, ne pouvant s'envoler, elle restoit nécessairement à la place indiquée, ou s'en écartoit peu, et y fixoit tout son peuple. Pour faire changer de place aux abeilles, à son commandement, M. *Mill* étoit parvenu, avec beaucoup de précautions, à mettre un fil de soie autour du corps des reines, sans leur faire de mal ; et, par le moyen de ce fil que l'on n'apercevoit pas à la distance où il faisoit tenir les spectateurs, il retiroit la mère-abeille du groupe qui l'entouroit, il la plaçoit où l'on désiroit, et toujours elle étoit suivie par son peuple.

Les mêmes spectacles donnés en Afrique, à Londres et à Paris, sont assurément d'après les mêmes procédés ; mais celui donné en Afrique à M. *Brue* est bien moins étonnant que les autres, y ayant dans ces contrées une espèce d'abeilles dont l'aiguillon est si foible qu'il ne fait aucun mal (1).

Les expériences de M. *Mill* et de ses imitateurs sont la preuve incontestable de la vigilance des reines et de l'attachement que leur portent les abeilles ouvrières ; mais ces expériences, uniquement curieuses, sont fort dangereuses pour les abeilles, parce qu'on ne pourroit réussir qu'après des tentatives multipliées, qui seroient cause de la perte d'un grand nombre de ruches par la mort des reines, difficiles à saisir avant d'en avoir contracté l'habitude. Aussi M. *Mill* déclare-t-il que ce n'est qu'à regret qu'il indique ses procédés, qui, ajoute-t-il, le font trembler pour ces insectes si chers.

Matières que l'on trouve dans les Ruches d'Abeilles.

Ces matières, comme nous le savons, sont la propolis, la cire, et le miel. Nous ignorons encore où les abeilles prennent la propolis, ou avec quelle matière elles la composent : nous en voyons bien l'usage ; προ et

___
(1) Voyez la *Description de la Guinée*, par *Barbot*.

πολις, mots grecs qui signifient *avant la ville,* nous l'indiquent, parce qu'en effet avec cette matière les abeilles enduisent les parois inté-rieures, et ferment les accès de leur demeure pour se mettre à l'abri des injures du temps, et concentrer la chaleur nécessaire pour la prospérité de la progéniture de leur reine : c'est proprement une espèce de circonvallation qu'elles font autour d'elles. L'analyse de la propolis a été faite plusieurs fois, et, en der-nier lieu, par M. *Vauquelin,* sur un pain que j'en avois remis à la Société. M. *Vauquelin* nous parle bien de l'odeur aromatique que cette matière exhale, de l'huile essentielle, très-suave, que l'on en retire, mais ne nous donne aucun moyen de remonter à la source d'où la tirent les abeilles (1). Ce qui fait négliger les moyens de rendre cette matière aussi utile en pharmacie que l'indiquent MM. *Valmont-de-Bomare* et *C. L. Cadet,* c'est la difficulté de la recueillir ; cependant nous ne devons pas perdre l'espérance de nous en procurer plus facilement et annuellement une certaine quantité.

A l'égard de la cire, il a été fait, dans les

____

(1) Voyez cette analyse, dans ce volume, ci-devant, page 206 et suivantes.

derniers

derniers temps, des expériences qui dérangent nos opinions, relativement à la matière avec laquelle les abeilles font la cire.

Swammerdam et, après lui, les académiciens françois, *Réaumur*, *Étienne-François Geoffroy* et *Bernard de Jussieu*, pensoient que les abeilles tiroient la cire du pollen, en le digérant jusqu'à un certain point. La matière à cire, dit *Swammerdam*, est un assemblage de petits grains plus ou moins arrondis ou allongés, dont chacun pourroit être considéré comme un petit sac rempli de cire, ou d'une matière toute prête à le devenir.

Bernard de Jussieu assure, d'après les expériences qu'il a faites sur la poussière fécondante de toutes sortes de fleurs, qu'elle contient les principes de la cire parfaite; il a observé que les grains de cette poussière, mis dans l'eau, s'y gonfloient jusqu'à crever : il en sortoit alors un petit jet d'une liqueur huileuse, qui surnageoit, sans se mêler avec l'eau. Cette opinion, qui étoit générale, ne se soutient plus.

Un *Mémoire sur l'origine de la Cire*, par *Duchet*, imprimé à Vévay en 1771; des *Observations sur les Abeilles*, de l'anglois *J. Hunter*, consignées dans les *Transactions philosophi-*

ques, année 1792; le *Mémoire sur l'origine de la Cire, par M. Huber* père; les *Observations de M. Huber* fils, que l'on trouve dans le VIe. volume des *Mémoires de la Société Linnéene*, et les expériences rapportées dans le XXVe. volume de la *Bibliothèque Britannique*, semblent prouver que les abeilles ne tirent point la cire du pollen, mais des matières sucrées, telles que le miel, le sucre, la cassonade, le sirop des fruits. Les observations et expériences semblent prouver aussi que le miel est une nourriture de première nécessité pour les abeilles adultes, et que le pollen sert uniquement à celles des jeunes abeilles au berceau, après avoir subi une élaboration particulière dans l'estomac des abeilles, qui le dégorgent dans les cellules qui contiennent les larves d'abeilles.

Si cela est ainsi, d'après des expériences répétées jusqu'à sept fois de suite sur des abeilles enfermées d'un côté, uniquement avec du miel, ou de la cassonade, ou du sucre, ou du sirop de fruits, et de l'autre avec du pollen seul, nous acquerrons peut-être la faculté d'augmenter nos produits en cire : il se prépare à cet égard des expériences nouvelles.

Tandis que les amateurs d'abeilles font des

recherches sur l'origine de la cire, les bota-
nistes en font de leur côté, et nous disent que
des arbres et des arbrisseaux peuvent nous
en fournir; ils citent le *sapium ceriferum*, le
myrica cerifera, le *gale*, et disent que les châ-
tons mâles du bouleau, de l'aune, du peu-
plier, du pin, etc., peuvent fournir une cire
plus ou moins semblable à celle des abeilles (1):
et les chimistes nous annoncent aussi que cette
poussière que l'on appelle la *fleur du fruit*,
que l'on voit sur nos fruits à peau lisse, tels
que la prune, le raisin, etc., est de la véritable
cire (2).

A l'égard du miel, les Anciens croyoient
qu'outre celui que donnent les fleurs il en
tomboit du ciel dans certains temps de l'année;
nous le connoissons sous le nom de *miellée*.
Cette opinion s'est soutenue jusque bien avant
dans le dernier siècle; mais une dissertation
curieuse et très - bien faite par M. *Boissier-
de-Sauvages*, consignée dans les *Mémoires
de la Société royale des Sciences de Mont-
pellier*, sous la date du 16 Décembre 1762,

---

(1) Voyez le *Dictionnaire de Chimie par M. C. L. Cadet*,
au mot *Cire*.

(2) Voyez les expériences de M. *Proust*.

C 2

a contribué à faire tomber cette opinion, qui a bien encore quelques partisans, mais qui n'est plus soutenue par les naturalistes et les agriculteurs éclairés.

Des Édifices des Abeilles.

En considérant les édifices des abeilles, on est saisi par la surprise et par l'admiration. Les auteurs en ont parlé, des mathématiciens s'en sont occupés.

Papus (1) dans l'antiquité, et *Samuel Kœnig* (2) dans le dernier siècle, tous deux célèbres mathématiciens de leur temps, se sont perdus dans des calculs infinis pour arriver au résultat des abeilles ; leur science est restée en défaut.

Buffon est le seul qui en ait parlé d'une manière à fixer l'attention : son système spécieux, écrit avec un style séduisant, a eu beaucoup de partisans ; mais, à mesure que nos connoissances sur l'histoire naturelle des abeilles se sont étendues, nous avons dû re-

---

(1) *Papus* vivoit sous Théodose-le-Grand, vers l'an 340. Voyez ses *Collections mathématiques*, en VIII livres in-fol. imprimées en 1588.

(1) Professeur à la Haye, bibliothécaire du Stathouder, décédé en 1757.

connoître que *Buffon* a été dans l'erreur.

Beaucoup d'écrivains ont trop exalté les abeilles, et *Buffon* les a trop ravalées.

Je vais rapporter l'opinion de *Buffon*, qui sera suivie de quelques observations, lesquelles, je pense, feront sentir que nous ne connoissons point encore assez l'histoire naturelle des abeilles sur ce point.

« Qu'on mette ensemble, dit *Buffon* (1),
» dans le même lieu, dix mille automates
» animés d'une force vive, et tous déter-
» minés, par la ressemblance parfaite de leur
» forme extérieure et intérieure et par la
» conformité de leur mouvement, à faire
» chacun la même chose dans le même lieu,
» il en résultera nécessairement un ouvrage
» régulier. Les rapports d'égalité, de simili-
» tude, de situation, s'y trouveront, puis-
» qu'ils dépendent de ceux du mouvement,
» que nous supposons égaux et conformes ;
» les rapports de juxta-position, d'étendue,
» de figure, s'y trouveront aussi, puisque
» nous supposons l'espace donné et circons-
» crit ; et, si nous accordons à ces automates

---

(1) *Discours sur les Animaux*, tome IV. page 98, édition in-4°.

» le plus petit degré de sentiment , celui seu-
» lement qui est nécessaire pour sentir son
» existence , tendre à sa propre conservation ,
» éviter les choses nuisibles , appéter les
» choses convenables , etc. , l'ouvrage sera
» non - seulement régulier , proportionné ,
» situé , semblable , égal , mais il aura en-
» core l'air de la symétrie , de la solidité , de
» la commodité , etc. , au plus haut point de
» perfection ; parce qu'en le formant, chacun
» de ces dix mille individus a cherché à s'ar-
» ranger de la manière la plus commode pour
» lui , et qu'il a en même temps été forcé
» d'agir et de se placer de la manière la moins
» incommode aux autres. . . . . . Ces cellules
» d'abeilles , ces hexagones tant vantés , tant
» admirés , me fournissent une preuve de plus
» contre l'enthousiasme et l'admiration. Cette
» figure , toute géométrique et toute régulière
» qu'elle nous paroît , et qu'elle est en effet
» dans la spéculation, n'est ici qu'un résultat
» mécanique et assez imparfait qui se trouve
» souvent dans la Nature, et que l'on remarque
» même dans ses productions les plus brutes.
» Les crystaux et plusieurs autres pierres, quel-
» ques sels , etc. , prennent constamment cette
» figure dans leur formation. Qu'on observe

» les petites écailles de la peau d'une roussette,
» on verra qu'elles sont hexagones, parce que
» chaque écaille croissant en même temps se
» fait obstacle , et tend à occuper le plus
» d'espace qu'il est possible dans un espace
» donné : on voit ces mêmes hexagones dans
» le second estomac des animaux ruminans ;
» on les trouve dans les graines , dans leurs
» capsules, dans certaines fleurs , etc. : qu'on
» remplisse un vaisseau de pois , ou plutôt de
» quelqu'autre graine cylindrique , et qu'on
» le ferme exactement après y avoir versé
» autant d'eau que les intervalles qui restent
» entre ces graines peuvent en recevoir, qu'on
» fasse bouillir cette eau , tous ces cylindres
» deviendront des colonnes à six pans. On en
» voit clairement la raison , qui est purement
» mécanique ; chaque graine , dont la figure
» est cylindrique , tend , par son renflement ,
» à occuper le plus d'espace possible dans un
» espace donné ; elles deviendront donc toutes
» nécessairement hexagones par la compres-
» sion réciproque. Chaque abeille cherche à
» occuper de même le plus d'espace possible
» dans un espace donné, il est donc nécessaire
» aussi, puisque le corps des abeilles est cy-
» lindrique , que leurs cellules soient hexa-

» gones, par la même raison des obstacles
» réciproques ».

Buffon avoit tant de vivacité dans l'esprit,
que quelquefois il vouloit plutôt deviner
qu'observer : reprenons son opinion.

Que l'on *remplisse* un vaisseau avec des
graines cylindriques, et qu'on le ferme *exactement*, après y avoir jeté autant d'eau que les
intervalles qui restent entre les graines peuvent
en recevoir ; qu'on fasse bouillir cette eau,
par l'effet du renflement, *tous* les cylindres
deviendront des colonnes à six pans.

Deux conditions, *remplir le vase*, et *le fer-
mer exactement ;* alors les points cylindriques,
pressés de toutes parts, seront forcés de prendre *tous* la forme hexagone. Je réponds que
cela n'est pas exactement vrai, attendu que
les points cylindriques qui toucheront aux parois du vaisseau, à sa base et à son couvercle,
seront applatis du côté du contact, et dès-lors
ils n'auront plus *tous* la forme hexagone.

Peut-on, d'ailleurs, comparer une ruche
dans laquelle vient de s'établir un essaim, ruche
vide aux trois quarts et non fermée, où il ne
peut y avoir compression réciproque, avec un
vase *plein* de points cylindriques, et *exactement fermé*. Pour qu'il y eût similitude, le

vaisseau ne devroit être rempli qu'au quart, alors les pois se gonfleroient et resteroient cylindriques.

Pénétrons dans une ruche dans laquelle un essaim commence son travail, nous y voyons les ouvrières construire un rayon de cire, dans une position perpendiculaire, n'ayant d'autre fondement, d'autre appui, que son attache dans le haut de la ruche, et absolument isolé. Si, au bout de quarante-huit heures, nous examinons le rayon, qui a communément seize à vingt-deux centimètres (six à huit pouces) de long sur onze à quatorze centimètres (quatre à cinq pouces) de large, nous voyons les hexagones des extrémités aussi réguliers que ceux du centre, à la différence que ceux du centre sont plus profonds que ceux des extrémités, qui, dans un temps prochain, alloient devenir également parfaits dans la largeur que les abeilles alloient incessamment donner à ce rayon. Si les hexagones se formoient par la compression des corps des abeilles entre eux, comment pourroit-il se faire que les alvéoles des extrémités, qui n'ont point d'appui, fussent aussi parfaits que ceux du centre ?

Si on considère les rayons remplissant la largeur de la ruche, on remarque, dans ceux

du centre, des trous de seize à vingt millimètres (huit à dix lignes) de diamètre , que les
abeilles ont faits pour la communication entr'elles ; on voit les alvéoles de la circonférence
de ces passages aussi bien formés que ceux du
milieu des rayons , mais sans être aussi profonds. Si les abeilles formoient leurs rayons par
la compression entr'elles , ces rayons devroient
se former d'un seul jet et sans les passages , les
alvéoles des extrémités et du centre devroient
être aussi profonds. Une seule abeille ne bâtit
pas une cellule , son corps ne contient pas
assez de cire pour qu'après l'avoir rendue
elle puisse se mouler dedans lorsqu'elle n'a
plus de cire, il faut qu'elle se retire pour
faire place à une autre qui se retire à son tour.

Dans les hivers humides, les vapeurs qui
séjournent dans les ruches font moisir des
parties de rayons ; dès les premiers beaux
jours, les ouvrières rongent les parties moisies,
et les rétablissent avec de la cire nouvelle.
Ces alvéoles devroient avoir quelques imper-
fections s'ils étoient moulés , et cependant
on ne voit aucune différence , si ce n'est la
couleur blanche de la nouvelle cire , qui la
distingue de l'ancienne.

Si la régularité des alvéoles n'étoit produite

que par la loi de la pression réciproque, tous les alvéoles auroient la même figure, la même dimension, la même profondeur, le même diamètre; et cependant, dans la même ruche, on distingue quatre espèces d'alvéoles différens.

Dans les ruches, il y a des alvéoles qui ont jusqu'à trois centimètres (un pouce) de profondeur, d'autres qui ont seize millimètres (huit lignes), d'autres qui n'ont que onze millimètres (cinq lignes et demie); les uns n'ont que quatre millimètres et quatre cinquièmes (deux lignes et deux cinquièmes) de diamètre, d'autres ont six millimètres deux tiers (trois lignes un tiers). Les alvéoles des jeunes reines, qui ont la forme et qui sont de la grosseur d'un gland de chêne, qui emploient autant de cire que cent vingt à cent cinquante cellules ordinaires, rejettent toute idée de compression réciproque; et lorsqu'enfin on voit que les ouvrières font et défont annuellement les alvéoles des jeunes reines, qu'elles ont la faculté de boucher leurs cellules avec des couvercles de cire, qui sont bombés, et de les déboucher à leur volonté, on ne peut être de l'avis de *Buffon*, et il est à croire que les édifices des abeilles se construisent peu-à-peu, ce qui, j'espère, ne tardera pas à être éclairci, d'après les expériences qui se préparent.

Distribution des Édifices des Abeilles dans l'intérieur de leur Ruche.

Dans le haut de la ruche se trouvent toujours les plus belles provisions en cire et en miel, que les abeilles peuvent faire dans le canton qu'elles habitent.

Le couvain, ou la progéniture de la reine, est au centre, comme étant le lieu le plus chaud de la ruche.

Dans la circonférence du couvain, sont des rayons remplis de miel et de pollen.

Dans le bas, sont des rayons de cire dans lesquels il n'y a ni miel ni pollen.

C'est l'ignorance de cette distribution constante de l'intérieur des ruches, qui est cause que nous conservons généralement une ruche qui, étant d'une seule pièce, a l'imperfection de ne pouvoir se dépouiller qu'en détruisant les abeilles ; c'est donc la connoissance de cette distribution qui doit déterminer le choix de la ruche que nous devons employer.

Dans un instant, je parlerai des ruches en usage, et de celle dont je me sers.

Des Maladies des Abeilles.

Les seules maladies des abeilles que nous connoissions, et auxquelles nous pouvons remédier, sont la dyssenterie et l'indigestion.

La dyssenterie a lieu après les hivers doux, en Pluviose et Ventose (Février et Mars); on s'en aperçoit, lorsqu'à l'entrée des ruches on voit des tâches jaunes, larges comme des lentilles. Le remède que nous connoissons, c'est d'enfumer les abeilles deux à trois fois par jour pendant une demi-minute chaque fois, en présentant l'intérieur de la ruche sur une fumée de linge blanc de lessive, ou de bouse de vache séchée, en saupoudrant les tables avec du sel fin, et en donnant aux abeilles une espèce de sirop fait avec du miel et du vin, sirop que l'on met sous la ruche dans une assiette, après l'avoir couvert avec des brindilles de paille, pour empêcher les abeilles de s'engluer.

A l'égard de l'indigestion, cette maladie vient plutôt de nous que de l'abeille. Il y a des propriétaires qui donnent des restes de miel aux abeilles. S'ils sont donnés par un temps froid, ou sur le soir, les abeilles qui se gorgent de miel, sont saisies par la fraîcheur, ne peuvent rentrer dans leur ruche et périssent.

Pour prévenir cet accident, il ne faut jamais rien donner aux abeilles que pendant la chaleur du jour, et leur retirer les restes de bonne heure, afin qu'elles puissent rentrer avant la fraîcheur.

Des Ennemis des Abeilles.

On a beaucoup exagéré le nombre des ennemis des abeilles; ceux que nous connoissons réellement, et dont nous ne pouvons facilement nous garantir, sont les guêpes et la fausse teigne.

Les guêpes viennent autour des ruches, et emportent des abeilles qu'elles dévorent. Le dégât qu'elles font n'influe guère sur la fortune d'un rucher; cependant les propriétaires font bien de détruire les guêpiers qu'ils trouvent dans leur voisinage.

La teigne de la cire, le plus dangereux ennemi des abeilles, est une espèce de chenille; son papillon est du genre des phalènes, sa femelle profite de la nuit pour s'introduire dans les ruches, et déposer ses œufs contre des rayons. De chaque œuf il sort, peu de jours après, une chenille d'un blanc sale, ayant la tête brune et écailleuse; elle s'enferme dans un petit tuyau de soie blanche, qu'elle colle contre les rayons de cire, et dans lesquels elle trouve sa nourriture, en alongeant la tête hors de son fourreau. Lorsque l'aliment lui manque, elle prolonge son tuyau, qui, d'abord n'étant que de la grosseur d'un fil, devient insensiblement de la grosseur d'une plume à écrire.

Cette teigne se multiplie quelquefois à un tel point, que les rayons sont hachés, que le miel coule, et qu'enfin les abeilles abandonnent leur ruche, devenue dégoûtante par la présence de cet ennemi.

Lorsque cette teigne est parvenue à son point de croissance, elle subit les métamorphoses communes à toutes les chenilles : elle quitte sa galerie, se retire dans un coin de l'intérieur de la ruche, ou dehors, et file une coque blanche, dans laquelle elle s'enferme pour en sortir en papillon, s'accoupler et rentrer dans la ruche pour y déposer ses œufs.

On ne connoît point encore le moyen de garantir les ruches de cette vermine, qui en détruit annuellement un grand nombre. On a dit qu'il falloit mettre près des ruches des lumières où les papillons iroient se brûler. S'ils ne paroissoient que dans un temps de l'année, elles pourroient être praticables ; mais, comme on les voit depuis le milieu de Germinal (commencement d'Avril) jusqu'en Brumaire (fin d'Octobre), ce moyen ne peut être adopté ; d'ailleurs, il ne seroit pas sans danger près des ruches couvertes avec de la paille.

Je sais qu'en général l'odeur de la fiente des bestiaux écarte les papillons ; mais, comme en séchant , elle perd son odeur , il faudroit donc la renouveler continuellement autour des ruches , ce qui n'est pas praticable.

Un prix qui seroit proposé à celui qui indiqueroit le moyen de garantir les ruches de cette vermine, seroit bien employé , et rendroit un grand service à cette branche de l'économie rurale.

Des Ruches anciennes, des Ruches modernes , et de celles dont je fais usage.

La ruche la plus usitée en France est celle des vanniers , faite avec des brins d'osier , ou de viorne , ou de troêne ; elle a la forme d'une cloche , elle est d'une seule pièce.

Cette ruche fort mince a l'inconvénient de s'échauffer et de se refroidir trop promptement ; celle en osier est sujette à un ver que l'on nomme *artizon* , qui s'introduit dans le bois, et réduit en poussière la partie qu'il attaque.

Avec

Avec cette espèce de ruche, on ne peut s'approprier le plus beau miel, que les abeilles placent toujours dans la partie la plus élevée de leur demeure ; cet inconvénient est la cause que l'on fait périr tous les ans une prodigieuse quantité d'abeilles, pour avoir leur dépouille. Il faut renoncer absolument à ces sortes de ruches ; elles devroient être défendues, au moins par la raison.

Au milieu du dernier siècle, on a commencé à sentir les inconvéniens de cette ruche; plusieurs amateurs en ont proposé successivement de diverses formes.

Parmi ces ruches, il faut en distinguer une qui devient celle des observateurs.

Nous connoissons tous la ruche vitrée de *Réaumur;* mais les observateurs modernes ne s'en sont point contentés, parce que sa forme n'est pas assez favorable à l'observation : les abeilles y ayant la faculté de construire plusieurs rangs de gâteaux parallèles entr'eux, ce qui se passe entre les gâteaux ne peut être observé. *Bonnet,* ayant désiré remédier à cet inconvénient, M. *Huber* y est parvenu, en imaginant plusieurs petits châssis qui, réunis par derrière avec des charnières, présentent la forme d'un livre, dont

D

la couverture est formée par des carreaux de verre, qui ne sont qu'à quelques lignes des rayons; chaque châssis n'ayant qu'un rayon perpendiculaire, en ouvrant tranquillement les feuillets de la ruche, on voit tout ce qui s'y passe, sans que les abeilles en soient émues ni étonnées.

Pour l'usage commun, on voit des ruches à hausses, à tiroir, à cabinet, etc. Ces ruches ont des inconvéniens qui ne permettent pas de les adopter généralement; la plupart, faites avec des planches, sont difficiles à construire et coûteuses; elles se déforment au soleil, à la pluie; elles s'échauffent et se refroidissent promptement; elles exigent des soins trop fréquens, trop minutieux; la plupart étant composées de hausses qui, se plaçant au bas de la ruche et montant successivement du bas en haut, reçoivent nécessairement du couvain et du pollen en passant au centre, et ensuite le miel en arrivant dans le haut, ce qui en altère la qualité.

Après avoir examiné, comparé et pratiqué les différentes ruches connues, j'en ai imaginé une que j'ai cherché à adapter à la distribution constante des édifices des abeilles, en m'écartant un peu de la forme de celle le plus généralement en usage ; avec cette ruche, on a la faculté d'enlever aux abeilles leur plus belle récolte sans être tenté de les détruire, et de les transvaser sans les laisser au dépourvu.

Cette ruche, tissée avec de la paille et des liens flexibles, est en deux parties, séparées intérieurement par un plancher avec des ouvertures près des parois de la ruche, suffisantes pour ne point interrompre la communication des abeilles d'une partie dans l'autre.

Cette ruche est avantageuse, d'abord du côté de la matière avec laquelle elle est faite, en ce que cette matière est commune, la moins coûteuse, la plus facile à manier, la moins sujette aux impressions de l'air.

L'épaisseur de la ruche, qui est de dix-huit à vingt millimètres (neuf à dix lignes), maintient la température la plus uniforme dans l'intérieur, et met les abeilles le plus constamment à l'abri des grandes chaleurs et des grands froids.

Son diamètre resserré met le couvain, germe précieux de la multiplication des abeilles, et les gâteaux qui les couvrent, à l'abri de l'ignorance et de l'avidité ; la hauteur de la ruche ne permettant pas de l'atteindre par le bas, puisqu'il en est éloigné, ni de le toucher par le haut, puisqu'il est couvert par le plancher.

Ce plancher est avantageux, en ce qu'il donne des points de suspension pour les gâteaux inférieurs qui contiennent le couvain, suspension qui ne peut être altérée par l'enlèvement des couvercles.

Au moyen du plancher, les gâteaux des couvercles ne peuvent faire partie de ceux de dessous le plancher, de manière qu'on enlève les couvercles sans efforts et sans rien déranger ni rompre, sans faire périr une seule abeille, quoiqu'il y en ait quelquefois un grand nombre entre les rayons, qu'elles quittent d'elles-mêmes pour aller rejoindre leur reine. Cet enlèvement est quelquefois si facile, qu'avec de la douceur et du silence, on peut le faire à visage découvert et les mains nues sans être piqué, la colère des abeilles n'ayant plus lieu dès l'instant qu'elles sont séparées de leur reine et du couvain, qui sont, pour ainsi dire, étrangers à ce couvercle. Et, comme en les enlevant, on n'a rien brisé, si on ne les trouve pas suffisamment pleins, ou si on n'a eu intention que de prendre un ou plusieurs rayons, on choisit, et on replace les couvercles sur les ruches, pour les enlever plus tard, ou reprendre encore des rayons à sa volonté.

L'emplacement des fentes dans le plancher,

n'est pas une chose indifférente , il faut qu'elles soient sur les bords circulaires , près des parois de la ruche , par plusieurs raisons.

La première, c'est que le couvain étant toujours placé au centre , la reine est naturellement détournée d'aller chercher ces passages éloignés pour placer du couvain dans les couvercles.

La seconde, c'est que, si on pratiquoit ces fentes au centre, elles se trouveroient au-dessus du couvain, qui ne peut être trop à l'abri, et qui cependant seroit éventé lorsque l'on mettroit un couvercle vide à la place d'un couvercle plein.

La troisième, c'est afin que les abeilles passent, à leur volonté et sans obstacle, du dessous du plancher dans le couvercle, et qu'elles ne soient point obligées de percer la foule des abeilles qui se trouvent toujours près du couvain.

Lors des dégels, les parois intérieures des couvercles et des ruches étant imprégnées des vapeurs qui s'exhalent du grand peuple qui l'habite, l'eau en découle depuis le haut dans toute la circonférence; le centre seulement se conserve sec par le groupe des abeilles, qui, avec le plancher, couvrent entièrement

D 3

le couvain. Il faut donc que le haut de la ruche ait une forme conique , et que les fentes du plancher soient pratiquées près de ces parois, afin que les eaux du couvercle descendent sans obstacle ; autrement ces eaux , séjournant sur le plancher , y causeroient de la fraîcheur , de la moisissure ; ou bien , l'eau s'échappant à travers les fentes qui seroient pratiquées près du centre , inonderoit le couvain et les abeilles qui se trouveroient le long de sa chûte.

La ruche est encore avantageuse en ce qu'elle donne la facilité de transvaser lentement et insensiblement les abeilles d'une vieille ruche dans une neuve , et de ne jamais les laisser au dépourvu.

Pour rendre son usage plus facile, j'ai imaginé le moyen de donner aux ruches un diamètre uniforme et invariable, ainsi qu'à la base des couvercles ; de manière que deux ruches , mises et lutées l'une sur l'autre au besoin, ont l'air de n'en faire qu'une , et que les couvercles peuvent s'adapter à toutes les ruches ; enfin , leur solidité est telle, qu'elles peuvent durer vingt et trente ans sans se déformer , même en les transportant.

Nos Récoltes sur les Abeilles.

Nos récoltes annuelles sur les abeilles sont en cire, en miel, et en essaims. Il y a des années qui donnent beaucoup de cire et de miel, et peu d'essaims : il y en a d'autres, au contraire, qui donnent beaucoup d'essaims, et peu de miel et de cire.

Il y a lieu de croire que cette variation de récoltes tient à notre climat.

Dans notre climat, il y a des hivers si doux, qu'ils ne suspendent que pendant peu de temps la ponte des reines. Comme cette ponte a une mesure annuelle, qu'elle commence par des œufs d'abeilles ouvrières, ensuite de mâles, et enfin de jeunes reines, pour recommencer ensuite la ponte des œufs d'abeilles ouvrières, etc., si l'hiver est doux, la ponte annuelle, qui n'est presque pas suspendue, finit trop tôt, et nous n'avons point ou peu d'essaims, parce que la saison ne leur permettant pas de sortir lorsque la ponte est finie, la reine-mère détruit toutes ou presque toutes les jeunes reines, et il ne peut y avoir que peu ou point d'essaims ; mais alors la récolte en cire et en miel doit être abondante dans ces ruches,

D 4

parce que toutes les abeilles ouvrières travaillent à en accumuler les provisions.

Si, au contraire, l'hiver est long et froid, la
ponte annuelle de la reine, qui a été suspendue pendant la rigueur de la saison, ne finit
qu'au mois de Germinal ou de Floréal (Avril
ou Mai) ; alors le temps étant propre au
départ des essaims, on doit en avoir un bon
nombre ; et les abeilles ouvrières, qui auroient
amassé des provisions dans la mère ruche, s'il
n'y avoit pas eu d'essaims, les amassent dans
la ruche nouvelle.

L'hiver de 1803 a été rude et long, et nous
avons eu beaucoup d'essaims au printemps
qui a suivi.

L'hiver de 1804 a été extrêmement doux,
et nous n'avons presque point eu d'essaims.

Dans le nord, la récolte sur les abeilles ne
manque point ; elle a une marche uniforme,
qui, je crois, tient au climat. A compter du
cinquante-troisième au cinquante-quatrième
degré et au-delà, on ne connoît que deux sai-
sons, l'hiver et l'été ; on passe presque subite-
ment de l'une à l'autre, sans l'intermédiaire
du printemps et de l'automne. La terre est couverte de neige pendant cinq à six mois de l'année ; cela arrive constamment tous les ans, à

quelques nuances près. Il est présumable que cette uniformité influe sur les abeilles , comme elle influe sur toutes les autres productions de ces climats.

Des observations commencées et qui se succéderont, confirmeront ou détruiront notre opinion à cet égard.

De la Cire et du Miel chez les Anciens , et de leur emploi parmi nous.

L'usage de la cire dans les arts remonte à la plus haute antiquité.

C'est sur des tablettes enduites avec de la cire , que l'on a tracé les premiers caractères (1).

C'est dans la cire que les Spartiates conservoient les corps de leurs rois (2).

C'est avec de la cire que les prétendues magiciennes de la Grèce imitoient les figures des personnes sur lesquelles elles prétendoient jeter des sorts (3).

C'est avec un enduit de cire que l'on a

(1) Voyez l'*Histoire de l'Art chez les Anciens*, par *Winkelman.*

(2) *Xenoph.*, *Hist. Gr.*, *lib. V.*

(3) *Voyage du jeune Anacharsis*, chap. XXXV.

conservé jusqu'à nous ces chefs-d'œuvre de l'antiquité que l'on voit au Muséum, tels que l'Antinoüs, le Mercure du Capitole, le Faune, la Vénus, l'Apollon, etc., etc.

Nous savons combien, parmi nous, la cire est précieuse et nécessaire dans la pharmacie, et dans les arts.

A l'égard du miel, il a été regardé comme la première production de la nature, comme un présent des Dieux. Les auteurs sacrés (1) et profanes (2) ont exhalté sa bonté : les poètes l'ont chanté; des vieillesses remarquables ont été attribuées à la consommation habituelle qu'en faisoient des anciens (3).

Avec du miel, les Anciens faisoient des libations autour des tombeaux de ceux qui leur avoient été chers.

––––––––––––––––––––––

(1) *David*, psaume 18. — *Isaïe*, verset 7, en parlant de l'enfant du juste, il dit : *Butyrum et mel comedet, ut sciat reprobare malum et eligere bonum.* Ce verset a servi de sujet à un beau tableau du *Poussin*.

(2) *Aristote, Varron, Virgile, Pline, Columelle,* etc.

(3) *Démocrite - Abdérites*, qui vécut cent neuf ans; *Pollio-Romulus*, qui vécut plus de cent ans; *Anacréon*, qui vécut cent quinze ans, et autres : *Hippocrates* le prescrit à cet effet.

Avec du miel, les Grecs conservoient des corps morts, regardant cette substance comme incorruptible (1).

Pour appaiser les Dieux, ils répandoient du miel sur les autels et sur la tête des victimes (2).

Dans les marches triomphales, dans celles de leurs fêtes, ils avoient à leur suite des esclaves qui portoient sur leurs épaules des vases remplis de miel pour faire des libations (3).

En s'approchant de nous, on voit que le miel a été apprécié par toutes les nations. *Pinto*, célèbre voyageur portugais, en rapporte une preuve assez plaisante. Ce voyageur, parcourant les vastes contrées de l'Orient, accompagnoit, en 1545, un ambassadeur que le roi de Brama envoyoit à la cour d'un souverain nommé *Calamenham*, titre qui signifie *Seigneur du monde*; ils s'arrêtèrent un jour de fête qui se célébroit à la nouvelle lune de Décembre pour visiter une pagode, nommée *Tinagogo*, qui signifie *Dieu de*

____

(1) *Xenoph.*, *Hist. Gr.*, *lib. V.*

(2) *Voyage du jeune Anacharsis*, chap. XXI.

(3) *Id.*, chap. XXIV.

mille Dieux : proche du temple, dit-il, il y avoit six belles rues, dans lesquelles on voyoit une infinité de balances suspendues à des verges de bronze, où se faisoient peser les dévots pour la rémission de leurs péchés. Le contre-poids que chacun mettoit dans la balance étoit conforme à la qualité de ses fautes ; ainsi ceux qui se reprochoient la gourmandise, ou d'avoir passé l'année sans abstinence, se pesoient avec du miel, ceux livrés aux plaisirs sensuels, avec du coton et de la plume ; les orgueilleux, avec des ballets et de la fiente de vache, etc., etc. (1).

Le grand Mogol est pesé solennellement tous les ans, le jour de l'anniversaire de sa naissance, dans des balances d'or. On commence par constater le poids de l'empereur, on retire ensuite les poids, et on y substitue d'abord de l'argent, qui est distribué aux pauvres, ensuite du miel, qui est pour les Banianes (1), etc.

Le miel tenoit la première place dans la cui-

---

(1) *Voyage de Mendez-Pinto, portugais, traduit en françois. Paris,* 1628. *in-4°.*

(2) *Thomas Rhoë,* ambassadeur anglois, fut présent à cette cérémonie le 24 septembre 1617. Voyez le Voyage

sine des Anciens. Avec le miel, les Grecs adoucissoient leurs vins ; c'est en buvant ces vins, qu'ils trouvoient délicieux, qu'ils chantoient en chœur ces chansons que leur dictoit *Anacréon*, chansons charmantes, semées de maximes sur le bonheur, l'amour et l'amitié (1).

Parmi nous le miel est déchu ; il est aujourd'hui relégué au rang des remèdes. Il y a bien des personnes qui trouvent encore des rayons

---

de cet ambassadeur dans l'Indoustant, pendant les années 1615, 1616 et 1617.

(1) En voici une en l'honneur de Bacchus.

« Buvons, chantons Bacchus ; il se plaît à nos danses, il se plaît à nos chants ; il étouffe l'envie, la haine et les chagrins : aux Graces séduisantes, aux Amours enchanteurs, il donna la naissance.

» Aimons, buvons, chantons Bacchus.

» L'avenir n'est point encore, le présent n'est bientôt plus ; le seul instant de la vie est l'instant où l'on jouit.

» Aimons, buvons, chantons Bacchus.

» Sages dans nos folies, riches de nos plaisirs, foulons aux pieds la terre et ses vaines grandeurs ; et, dans la douce ivresse que des momens si beaux font couler dans nos ames,

» Buvons, buvons, chantons Bacchus. »

(*Voyage du jeune Anacharsis*, ch. XXV.)

de miel délicieux, mais l'usage en est peu répandu.

Sans le dire, non-seulement nous adoucissons aussi des vins avec du miel, mais nous en composons qui imitent les vins de liqueur les plus recherchés, tels que ceux de Malaga, de Rota, de Constance, de Malvoisie, le muscat, etc. ; la consommation en est considérable, même sur les meilleures tables. Nous les trouvons excellens, parce que nous les croyons naturels, heureusement qu'ils ne sont pas malsains. Comme les Grecs, nous chantions aussi, mais nos discordes ont détruit ces mouvemens joyeux qui égayoient nos repas, et qui contribuoient à resserrer les liens entre les familles et les amis.

Je dois dire que, des eaux dans lesquelles les ciriers font la première fonte de leur cire, eaux sales et brunes que l'on jetoit toujours, on peut tirer de l'eau-de-vie, parce qu'elles sont saturées de miel et pleines des débris du couvain qui étoit dans les ruches détruites. Cinquante-sept litres (soixante pintes) m'ont donné le sixième en eau-de-vie à dix - huit degrés ; et en faisant rectifier cette eau-de-vie, j'en ai tiré le quart à vingt-trois degrés.

J'ai essayé de faire du vinaigre avec des

eaux de miel, mais j'ai éprouvé que ce vinaigre ne se conserve pas, et qu'il contracte un goût désagréable.

Je dois rapporter un fait qui peut être utile pour l'agriculture. Il y a environ deux ans, il a été envoyé d'Italie des greffes d'arbres inconnus en France, pour la pépinière du Luxembourg ; ces greffes, envoyées dans une boîte de fer-blanc remplie de miel, sont arrivées saines, et ont parfaitement réussi.

Des moyens en grand de multiplier les Abeilles en France.

Le sol de la France est si riche, qu'une prodigieuse quantité d'abeilles y trouveroient d'abondantes récoltes qui sont annuellement perdues ; l'intérêt de l'État, et celui des pauvres campagnes, devroient concourir à fixer l'attention sur cette branche de l'économie rurale.

Les abeilles sont des insectes des bois, on les voit dans toutes les forêts qui couvrent la surface de la terre, au nord et au midi ; cela est attesté par les relations unanimes de tous les voyageurs célèbres.

Celles que l'on trouve dans nos forêts sont peu utiles ; parce que, pour récolter la cire et le miel qu'elles ont amassé, on les détruit en les suffoquant, ou bien on jette à bas les arbres qui les contiennent.

Le nord de l'Europe, la Pologne, la Russie, la Norwège, etc., fournissent prodigieusement de cire et de miel, qu'on ne recueille point dans des ruches domestiques, mais dans les vastes forêts qui couvrent ces contrées. La récolte qui s'en fait est préparée par l'industrie des habitans ; pour cela, ils disposent les arbres creusés par le temps, et en creusent eux-mêmes pour loger les abeilles.

Lorsque l'on voit un arbre creux, on en restreint la cavité à une certaine grandeur, on élargit l'entrée de manière à pouvoir y fouiller facilement, et on la masque avec une coulisse dans laquelle on ne laisse habituellement qu'une petite ouverture pour l'entrée et la sortie des abeilles. De plus, on coupe des arbres, on les réduit en blocs, que l'on creuse en y adaptant la coulisse, et on attache ces espèces de ruches aux arbres des forêts : les essaims s'y logent d'eux-mêmes et sans surveillance ; et avec peu de frais et de soins, on recueille tous les ans beaucoup de cire et de miel. J'ai vu M. le comte de Rzewouski, polonois, qui affermoit le produit des abeilles qu'il avoit dans ses bois

moyennant

moyennant quarante mille écus : le fermier, dans certaines années, y gagnoit beaucoup. Lors du bail, on avoit évalué à quarante mille les ruches sauvages de M. de Rzewousky, ce qui faisoit un produit annuel de trois livres par ruche pour le propriétaire.

En France, nous avons d'immenses forêts ; pourquoi ne ferions - nous pas comme les peuples du nord ? Nous approuvons long-temps avant que d'imiter. Cependant, par l'Administration forestière, il seroit facile de peupler nos forêts d'une prodigieuse quantité d'abeilles ; les inspecteurs , les sous-inspecteurs, et les gardes qui sont attachés à chaque conservation, seroient les agens naturels de l'Administration ; ils s'y prêteroient d'autant plus volontiers, que l'on auroit le moyen de les encourager en leur abandonnant une portion des produits. Les propriétaires particuliers imiteroient bientôt l'Administration forestière, ils pourroient même se rédimer par là de l'impôt onéreux qu'ils payent annuellement pour cette espèce de bien , qui ne produit que dans des temps éloignés.

E

Des usages ridicules et superstitieux qui existent parmi nous relativement aux Abeilles.

L'espèce de charivari que l'on fait dans les campagnes, en frappant sur des bassins de cuivre pour arrêter les essaims, est plus propre à les éloigner qu'à les retenir, parce que les abeilles n'aiment pas le bruit, et ne restent point dans les lieux où il est continuel.

On ignore l'origine de cette coutume ridicule ; elle étoit en pratique dans la plus haute antiquité. Dans la Grèce, elle étoit prescrite par les lois de *Platon* (1). *Virgile* en a fait un précepte (2) ; *Rucellai*, poète florentin, l'a répété (3).

Le plaisir que l'on éprouve en voyant en l'air ces essaims de jeunes abeilles qui se balancent avec incertitude, et semblent quitter à regret le lieu de leur naissance, a perpétué ce mouvement bruyant et sombre, excité par

____

(1) Voyez *Platon*, de *Legib.*, lib. *VIII.*

(2) *Georg. lib. IV.*

(3) . . . . . . E con un ferro in mano,
Percuoti il cavo rame, o forte suona,
Il cimbal resonante di Cibelle.

la joie de les voir, et qui est tempérée par la crainte qu'elles ne s'éloignent.

Cet usage ne peut être bon que dans le cas où l'on apperçoit un essaim qui s'éloigne, afin d'avertir à la ronde que le propriétaire est à sa poursuite, et qu'il entend conserver sa propriété.

Dans bien des cantons, lors du décès du maître de la maison, on met un chiffon noir à toutes les ruches ; dans d'autres, on les soulève toutes. Il y a des personnes qui ont la simplicité de croire que les abeilles achetées ne prospèrent point ; elles ne les prennent qu'à moitié profit, ou par échange contre des denrées. Il y en a d'autres qui, au retour du printemps, ne donneroient pas la liberté à leurs abeilles le mercredi ou le vendredi, etc. Ces bonnes gens attribueroient la perte qu'ils feroient des ruches dans l'année, à l'omission qu'ils auroient faite de ces superstitieux usages.

Il y a des propriétaires qui croient que les essaims qui sortent le jour de la Fête-Dieu font leurs édifices en rond, c'est-à-dire en couronne.

Il y a parmi nous des bergers et des vieilles femmes qui veulent faire croire que les abeilles sont sujettes à leurs maléfices, et qu'ils ont des charmes pour les détruire. Ce préjugé nous vient des Grecs (1).

Peut-on être étonné de voir ces usages et ces croyances se perpétuer au milieu des simples habitans des campagnes , lorsqu'on entend un homme de lettres, distingué parmi nous , citer et répéter avec confiance un conte sur les abeilles , et ce conte le voici (2) :

« Dernièrement , dit l'auteur de l'article , en peignant le désespoir d'un chien inconsolable de la mort de deux enfans , qu'il s'étoit vainement efforcé de tirer de la rivière où l'un et l'autre s'étoient noyés , nous avons opposé cet exemple aux reproches d'exagération que l'on fait à M. *Pluche*, sur tout ce qu'il raconte de l'instinct des animaux dans le *Spectacle de la Nature*. Voici une nouvelle occasion de le justifier par un fait d'autant plus remarquable , qu'il s'agit d'un petit insecte (l'abeille), à la vérité très-industrieux , mais qu'on ne soupçonneroit pas d'être capable , comme le chien , d'attachement et de reconnoissance.

---

(1) *Herod. lib. II, cap. CCLXXXI.*

(2) Voyez les *Petites Affiches de Paris*, n°. 823, du 5 Germinal an X (1802), page 588.

« Une dame de distinction, déjà avancée en âge, vivoit dans un petit bien aux environs de Nantes ; elle y passoit toute la belle saison, et revenoit ensuite à la ville. Aimant beaucoup les abeilles, elle en avoit une grande quantité à la campagne, et prenoit un plaisir infini à leur procurer toutes les petites douceurs propres à ces insectes. Dans les derniers jours de Mai, on amena cette dame à Nantes, où peu après elle mourut. Toutes les abeilles vinrent de la campagne, et se rassemblèrent sur son cercueil, qu'elles n'abandonnèrent qu'au moment de l'inhumation. Un voisin de la dame s'étant aperçu de l'arrivée des essaims, sachant qu'elle avoit à la campagne un nombre considérable de ces petits animaux, s'y rendit promptement, et trouva toutes les ruches entièrement dégarnies. »

Ce seroit bien le cas d'engager l'auteur de cet article à lire le *Discours sur la nature des Animaux*, par *Buffon*.

Des Lois sur les Abeilles.

Nous n'avons pas de lois positives sur les abeilles ; en 1791, il y a bien eu une loi qui a déclaré les ruches d'abeilles insaisissables, même pour les impositions, qui a fixé le temps du transport des ruches , mais le Code civil est resté muet à cet égard ; il y est seulement parlé des ruches d'abeilles , pour dire qu'elles font partie de l'immeuble sur lequel elles se trouvent , à moins qu'il n'y ait une exception expresse stipulée dans le contrat de vente.

Le Code rural nous donnera sans doute des lois pour la conservation des abeilles , chez les particuliers et dans les forêts ; sur le droit de suivre les essaims ; sur le transport des ruches , comprenant celui de les mener paître , les ramener, etc. , etc. Il faut espérer qu'alors nous commencerons à voir prospérer cette branche de l'économie rurale.

TABLE

Des matières contenues dans cet ouvrage.

F I N.